世界五千年
科技故事丛书

卢嘉锡题

世界五千年科技故事丛书

天涯海角一点通

电报和电话发明的故事

丛书主编　管成学　赵骥民

编著　陶　路　刘金江

吉林出版集团 ｜ 吉林科学技术出版社

图书在版编目（CIP）数据

天涯海角一点通：电报和电话发明的故事 / 管成学，赵骥民主编. -- 长春：吉林科学技术出版社， 2012.10（2022.1重印）
ISBN 978-7-5384-6110-7

Ⅰ.① 天… Ⅱ.① 管… ② 赵… Ⅲ.① 电报－普及读物② 电话－普及读物 Ⅳ.① TN91-49

中国版本图书馆CIP数据核字（2012）第156351号

天涯海角一点通：电报和电话发明的故事

主　　编	管成学　赵骥民
出 版 人	宛　霞
选题策划	张瑛琳
责任编辑	朱　萌
封面设计	新华智品
制　　版	长春美印图文设计有限公司
开　　本	640mm×960mm　1 / 16
字　　数	100千字
印　　张	7.5
版　　次	2012年10月第1版
印　　次	2022年1月第4次印刷

出　　版	吉林出版集团
	吉林科学技术出版社
发　　行	吉林科学技术出版社
地　　址	长春市净月区福祉大路 5788 号
邮　　编	130118
发行部电话 / 传真	0431-81629529　81629530　81629531
	81629532　81629533　81629534
储运部电话	0431-86059116
编辑部电话	0431-81629518
网　　址	www.jlstp.net
印　　刷	北京一鑫印务有限责任公司

书　　号	ISBN 978-7-5384-6110-7
定　　价	33.00元

序 言

十一届全国人大副委员长、中国科学院前院长、两院院士

路甬祥

放眼21世纪，科学技术将以无法想象的速度迅猛发展，知识经济将全面崛起，国际竞争与合作将出现前所未有的激烈和广泛局面。在严峻的挑战面前，中华民族靠什么屹立于世界民族之林？靠人才，靠德、智、体、能、美全面发展的一代新人。今天的中小学生届时将要肩负起民族强盛的历史使命。为此，我们的知识界、出版界都应责无旁贷地多为他们提供丰富的精神养料。现在，一套大型的向广大青少年传播世界科学技术史知识的科普读物《世

界五千年科技故事丛书》出版面世了。

由中国科学院自然科学研究所、清华大学科技史暨古文献研究所、中国中医研究院医史文献研究所和温州师范学院、吉林省科普作家协会的同志们共同撰写的这套丛书，以世界五千年科学技术史为经，以各时代杰出的科技精英的科技创新活动作纬，勾画了世界科技发展的生动图景。作者着力于科学性与可读性相结合，思想性与趣味性相结合，历史性与时代性相结合，通过故事来讲述科学发现的真实历史条件和科学工作的艰苦性。本书中介绍了科学家们独立思考、敢于怀疑、勇于创新、百折不挠、求真务实的科学精神和他们在工作生活中宝贵的协作、友爱、宽容的人文精神。使青少年读者从科学家的故事中感受科学大师们的智慧、科学的思维方法和实验方法，受到有益的思想启迪。从有关人类重大科技活动的故事中，引起对人类社会发展重大问题的密切关注，全面地理解科学，树立正确的科学观，在知识经济时代理智地对待科学、对待社会、对待人生。阅读这套丛书是对课本的很好补充，是进行素质教育的理想读物。

读史使人明智。在历史的长河中，中华民族曾经创造了灿烂的科技文明，明代以前我国的科技一直处于世界领先地位，涌现出张衡、张仲景、祖冲之、僧一行、沈括、郭守敬、李时珍、徐光启、宋应星这样一批具有世界影响的科学家，而在近现代，中国具有世界级影响的科学家并不多，与我们这个有着13亿人口的泱泱大国并不相称，与世界先进科技水平相比较，在总体上我国的科技水平还存在着较大差距。当今世界各国都把科学技术视为推动社会发展的巨大动力，把培养科技创新人才当做提高创新能力的战略方针。我国也不失时机地确立了科技兴国战略，确立了全面实施素质教育，提高全民素质，培养适应21世纪需要的创新人才的战略决策。党的十六大又提出要形成全民学习、终身学习的学习型社会，形成比较完善的科技和文化创新体系。要全面建设小康社会，加快推进社会主义现代化建设，我们需要一代具有创新精神的人才，需要更多更伟大的科学家和工程技术人才。我真诚地希望这套丛书能激发青少年爱祖国、爱科学的热情，树立起献身科技事业的信念，努力拼搏，勇攀高峰，争当新世纪的优秀科技创新人才。

目 录

目 录

电时代的呼唤

　　人类发现"电"的时间较早。在中国商代的甲骨文上就有了对雷电的记载，东汉的王充（27—约97）在他的著作《论衡》里解释过雷电。古希腊人也早就发现了琥珀的静电性质。英国的一位御医威廉·吉尔伯特（1504—1603）发现除了琥珀外，其他多种物质摩擦后也能够吸引轻的东西，他首先使用了"电"的名称。但电真正被人所利用是近200年的事。

德国马格德堡市市长格里凯（Otto von Guericke）在1660年制成了第一台起电机，揭开了实验科学的新篇章。在格里凯起电机的基础上，很快出现了新的起电机。牛顿（Newton I，1642—1727）在1675年用玻璃球做了一台起电机，并用这台仪器研究了电的吸力和斥力、火花放电及其他一些现象。牛顿的助手豪克斯比（Francis Hauksbee）在摇动盛有水银的容器时，看到了发光的现象。有人认为，这是最早发现的荧光。

1729年，在伦敦靠养老金生活的格雷（Stephen Gray）发现，一根很长的导线，只要用丝线悬挂得当，就可以用来传送电或感应带电。格雷和他的同伴惠勒（Granville Wheeler）就使带电导线达到了233米的长度。

此外，格雷还发现了绝缘体和导体之间的基本区别：丝线不导电，而同样粗细的铜线却导电。人们认为格雷是第一个用铜线做导线的人。

法国巴黎的迪费（Chrles Du Fay）重复和继续了格雷的实验，并把电分成了两大类："玻璃"电（即阳电）和"树脂"电（即阴电）。

　　1745年冬天，德国的克莱斯特（1700—1748）和荷兰的马森布罗克（1692—1761）几乎同时发现了电震现象。克莱斯特用铁杆插在潮湿的玻璃瓶里，用摩擦起电机使铁杆带电。他的手无意中碰到铁杆，突然感到全身剧烈颤动，几乎昏倒在地。马森布罗克在做实验时瓶中装有水，因而电震得更厉害并发出可怕的响声。这就是有名的"莱顿瓶"。如果说琥珀吸芥的静电现象只不过是有趣的游戏的话，则莱顿瓶却向人们显示了电的威力，人们第一次可以把电荷储存起来了。迪费的学生诺雷（AbbeNollet）神父就曾经让700个修道士手拉手，在莱顿瓶发出的电震时，众人一齐跳跃，衣带飞舞，纷繁耀眼，从而博得法王路易十五的欢心。当时另一个比较时髦的"游戏"，是用丝绳把一个小男孩悬挂在天花板上，然后通电使他脸上和手上放出电火花。总之，在富兰克林风筝实验之前，电仅仅是神奇的、供显贵们娱乐的玩意儿罢了。

1752年7月的一天，美国著名科学家本·富兰克林（1706—1790）在费城进行了著名的风筝实验，证明了闪电就是一种放电现象。用风筝做这种实验实际上是很危险的，1753年7月，俄国科学家利赫曼（1711—1753）就在做这种实验时被雷电击中，为科学献出了自己的生命。紧接着，库仑（1785年发现电荷定律）、伏打（1800年发明电池）、奥斯特（1820年发现电流磁效应）、安培（1825年发现安培环路定律）、欧姆（1825年发现欧姆定律）、法拉第（1831年发现电磁感应现象）等人，都先后为人类进入电的时代作出了杰出的贡献。

19世纪可称为"电的时代"，人们几乎每天都在听着、看着、感觉着神奇的电的威力，让电为人类服务的想法激励着人们去探索电的奥秘。尽管当时的邮政有了相当的进步，但人们还嫌彼此之间相隔太远，即使是快马邮递，有些紧急的情报还是因不能及时送到而耽误了宝贵的时间。而闪电和人们相隔那么远，但电一闪即被人们看见；通过导线的电，不管导线多长都能瞬间即通。那么，能不能让电来为人类传递消息？能不能让紧急情报像电一样快地传送呢？许多人在研究，在探索，甚至花费了毕生的精力……

早在法拉第（Faraday M，1791—1867）发现电磁感应现象之前，奥斯特（Oerst—H.C，1777—1851）在1820年观察到罗盘通电后小磁针发生偏转的现象后，伟大的科学家安培（Ampere A.M，1775—1836）就提出了电报的设想，9年后，电学家亨利（Henry J，1797—1878）甚至还提出了电报机的模型。谁能抢先发明真正实用的电报？谁能让神奇的电为人类通信服务？历史在呼唤，电的时代在呼唤……

邮船上的奇遇

　　1832年10月1日，一艘名叫"萨丽"号的邮船，满载着旅客和邮件，从法国北部的勒阿弗尔港起航，驶向纽约。

　　邮船在浩瀚的大西洋上破浪前进，船尾上空海鸥在翱翔。越洋远航大多是枯燥无味的，旅客们或是下棋，或是聊天，或是在甲板上眺望无边的大海，借以消磨时光。一天傍晚，绚丽的夕阳把"萨丽"号浸在一片金色的海洋中，海风将船帆吹得鼓鼓的，海浪击打着船头，浪花飞溅在船舷。经历了海浪而不晕船的旅客们正在餐厅准备享用丰盛的晚餐，与此同时一位年轻的旅客正在演说……

这位名叫查尔斯·杰克逊的青年是美国马萨诸塞州波士顿的医生，他对电学研究有浓厚兴趣，是位热情的科普知识宣传家。

当时，电磁学的奠基人法拉第刚刚打开电学的迷宫，创立了"动磁生电"的伟大学说，人们对一切有关电磁的现象都感到格外新奇。

杰克逊在餐厅里向人们展示了一个名叫电磁铁的奇异的装置。这是一个上面绕着绝缘铜线的马蹄形铁块。当铜线通电的时候，马蹄形铁块就产生了磁性，铁屑立即被吸了上来，铜线上的电一断，铁屑又突然掉了下来……神奇的魔术般的实验一下子使大厅里的人看呆了。杰克逊用孩子般的热情滔滔不绝地讲解着。

　　"女士们、先生们！"他说，"请记住，我们快要利用一种无限的神力了。最近已有实验表明，绕在铁芯周围的导线越多，磁铁的吸引力越强，而且有人已经证明，电能够迅速地通过一段导线，不管这段导线有多长，电都能一瞬即过。科学就要创造出改变我们生活的电的奇迹了！"

　　青年医生的话不时被打断，餐厅里响起一阵阵欢呼声和热烈的讨论声。

　　"电流通过导线的速度有多快？"有人问。

　　"速度是非常惊人的，不论导线有多长，电流几乎一瞬间就能通过。电的发明家本杰明·富兰克林（Franklin B，1760—1790）当年进行通电实验时，在导线的一端通上电，隔河的另一端导线头上，马上就出现了电火花。"医生回答道。

　　"噢！这么快。"

　　"简直不可思议！"

　　人们热烈地议论着。

　　最后医生被热情的听众抬了起来，一次又一次地抛向空中。大厅里人潮起伏，气氛热烈，被一种无形的力量激励着的人们，完全陶醉在神奇的幻想中……

　　人群中有的欢呼，有的争论，有的抛起自己的帽子，有的狂热地跳了起来，有的吹起了尖刺的口哨，享用晚餐的念头早已抛到九霄云外。但是，谁也没有注意到，在狂热的人群中，却有一位皮肤黝黑的中年男子，呆站在那里。青年医生的"魔术实验"震动了他，使他好像变成了另一个人！他以一种与众不同的方式，在脑海里构思着一个震惊世界的伟大发明。

　　他一言不发地望着讲台，两眼闪烁出异样的光彩。夕阳给他那亚麻色的卷发和褐色的西装撒上了一层金光，映在他的身上、脸上，像火在燃烧。

　　"啊！电，一种神奇的、无限的力量，不管导线有多长都能迅速通过，这是多么不可思议呵！"

　　"如果让电流沿导线传输信号，岂不是在瞬息之间就把消息传往千里之外了吗？"

他的脑海里涌起了一个新奇的构想：如果从遥远的家乡到这儿有一条导线，不就可以在一瞬间把我此时此刻的心情告诉我心爱的人了吗？13年不见了，她此时此刻在想什么呢？

　　从千里之外传递信息，多么迷人的想法！他决心去探索这个秘密。

　　他的思潮如大海汹涌，他的胸膛如烈火燃烧，他坐卧不安，他兴奋得不能入睡……

　　他就是当时美国著名的人像画家，41岁的塞缪尔·莫尔斯（Morse Samuel FinleyBreese，1791—1872）。

　　莫尔斯1791年出生在美国马萨诸塞州查尔斯顿的一个穷牧师的家里。幼小的莫尔斯常听父亲的布道，经常随母亲去劳作。贫寒的家境，虽没有给他富有的生活，但却给了他丰富的爱，给了他不怕困苦的坚强意志和优秀品格。

　　小莫尔斯酷爱大自然，查尔斯顿小镇四季分明的气候和变化多彩的风景深深地吸引他。春天的雨，夏天五彩的鲜花，秋天的风，冬天晶莹的白雪，在小莫尔斯的眼里都是一幅幅美妙的图画。他有极强的观察力和模仿力，他把这一幅幅美妙的图画记在了脑子里，绘到了画簿上。他尤其喜爱画肖像，小伙伴们都以请莫尔斯画一幅肖像而感到荣耀。小莫尔斯更愿意看书，善于思考。在他很小很小的时候，喜欢提出一些他还不懂的问题，比如：夏日炎炎，狗为什么要伸出舌头？雨后天晴，天空为什么格外瓦蓝？旭日东升，太阳怎么那么红？……一个个问题提给父亲、母亲，父母往往难以回答。小莫尔斯学习时，精力非常集中，甚至忘掉了周围的一切，常常是母亲连叫他几声，他才知道该吃饭了。邻居们都认为他是一个品学兼优的好孩子。但是在各科中他还是最喜爱艺术，追求美，在绘画方面具有特殊的天分。

1805年，莫尔斯14岁，以优异的成绩考入美国菲利普斯美术学院。

在大学学习期间，除了努力学习功课之外，他常常给别人画肖像。由于家境贫寒，他不得不出卖他的作品，以维持他清贫的大学生活。这不仅磨炼了他的意志，更升华造就了他的绘画技艺，为他很快成为美国有名的画家奠定了良好的根基。

　　大学毕业后，成为了画家的莫尔斯，并不满足于已取得的成就，又越洋跨海到英国皇家学院去学习。通过4年的学习，他的艺术水平又提高了一步。1815年，他回到美国，其高超的绘画技艺和勤奋的治学态度，赢得了同行们的称赞。从1826年到1842年，他一直担任美国美术学会主席。

　　当时的美国正处于工业革命时代，发明创造如雨后春笋，这不仅给社会创造了财富，也给发明者带来了实惠。虽然莫尔斯的画得到了很多人的称赞，但在那时，更多的人是在寻找发财致富的良机，对艺术并不那么感兴趣，就连精美的绘画作品也销路不大好。堂堂的全国美协主席，有时吃饭也成问题，他不得不在绘画之余兼职印刷。和富兰克林一样，印刷工作使他有了博览群书的机会，增长了他的学识，开阔了他的眼界。

为了谋生，为了开阔眼界，他于1829年到欧洲各国游历作画，先后到过法国、意大利等国。3年后，也就是1832年，莫尔斯登上"萨丽"号邮船从法国返回美国；就是在这艘船上，莫尔斯看到了青年医生查尔斯·杰克逊的"魔术实验"。这改变了莫尔斯的后半生，年届41岁的著名画家从此转行要做电报发明家。

在"萨丽"号的日日夜夜，莫尔斯坐不安，睡不稳，吃不香，他的情绪完全被神奇的"电"所左右。几天以后，在船靠近码头的时候，莫尔斯突然对船长说："先生，不久你就会看到神奇的电报了，要记住，它是在你的'萨丽'号上发明的呀！"他提着画箱走下了邮船，步履坚定，神情庄严。从此，写生画、肖像画再也不是莫尔斯主要的兴趣，他告别了艺术，投身到发明电报的科学领域中去。他在写生簿上端端正正地写下了"电报"这两个字，表明了他决心完成用电传递信息的雄心壮志。

画室里的攀登

可是，只要看看电子科学技术发展的历史，你就可以知道，莫尔斯要完成的使命是非常艰巨的。

早在1753年，就有人试图用电来实现通信，当时电池还没有发明，科学家只能借助于静电感应。一个叫摩利孙的人，将一封署名C.M的书信在《苏格兰人》杂志上发表，信中首次提出将一束26根的金属线由一个地点延伸到另一个地点，每根导线末端悬挂一个小球，球下挂着标有字母的纸片。发报时，将静电机与某一根金属线相接，电流通过金属线感应末端的球，将相应的纸片吸起来。根据需要，依次给不同的金属线通电，就得到了完整的报文。以此类推，拼成词语，来传递信息。可是由于方法原始，用静电感应又传不远，这种电报始终没有能够实现。在摩利孙之后，许多学者提出其他办法，也做过无数次试验，有的用单线代替26根导线，有的用木球代替纸球，但四十多年过去了，依然没有什么成效。

1800年，意大利科学家伏打（Volta A，1745—827）发明了电池，宣布了静电时代的结束。人们终于能够获得连续不断的电流了，"用电来传递信息"的理想之火又重新燃烧了起来。

1820年，丹麦物理学家奥斯特发现了通电导线附近的磁针能发生偏转的现象，这说明通电导线的周围存在着磁场。这个电磁学上的重大发现，给电报的发明带来了希望。第二年法国电学大师安培就提出了可以用电磁效应来传递消息。青年医生杰克逊在"萨丽"号上宣传的，实际上就是安培的构想。

也就是说，在1820—1832年这十多年的时间里，许多人进行了大量的探索和研究，但均没有找到一种行之有效的方法。甚至连不少有经验的专家都感到问题很棘手。

莫尔斯就是在这种情况下"弃画改行"，参加这场战斗的。一个从来没有研究过电磁学的画家，一个年过四十的门外汉，居然要改行攀登这座连专家都没有征服的高峰，这需要多大的决心和勇气呀！

对电和磁的知识一点都不懂，这是摆在莫尔斯面前最大的困难，但他一点也不动摇。不会，就从头学起！莫尔斯像蚂蚁啃骨头那样刻苦地学习电和磁的知识，把自己关在屋子里仔细阅读电磁学书籍。他一本本地读，反复地思考，反复地琢磨，有时一直学到深夜，暗淡的灯光留下了他长长的身影。在这段时间里，他谢绝了与一切亲朋好友的往来，甚至连节假日都不放过。经过半年的努力，他初步掌握了电磁原理。在此基础上，他又翻阅了大量资料，特别是美国著名科学家亨利在1831年提出的电报原理，给了莫尔斯很大启发。他欣喜地在电磁学的海洋中遨游。亨利用电磁铁做成的电铃，可以把信号传到1.6千米远的地方，这其实就是电磁音响式电报机的最早模型。莫尔斯想："这就是我心目中的电报，我要按照这个原理发明一个莫尔斯电报！"艰苦而执著的研究就这样开始了。

画家买来各种电工器材和工具，在家里夜以继日地干了起来。从前的小画室变成了地地道道的电报实验室，画室里到处是型号各异的线圈、磁石和导线；写生簿里篇篇是各式各样的草图、方案和设想。莫尔斯把他的全部希望和精力都凝聚在这小小的实验室里了。夜幕笼罩着美丽的城市，只有莫尔斯的实验室灯火常常彻夜不熄。冬尽春来，夏去秋至，莫尔斯的草图画了一张又一张，实验做了一个又一个，可电报还是没有头绪，试验一次又一次地失败了。

莫尔斯有3个孩子，他的妻子又过早地去世了。境遇处处不顺心，3年过去了，他的积蓄几乎全部花光，而电报机还是没有造出来。莫尔斯到了山穷水尽的地步，他在给朋友的信中诉说了他的苦衷："我被生活压得喘不过气了！我的长袜一双双都破烂不堪，帽子也陈旧过时了。"反复的实验，多次的失败，使莫尔斯贫病交加，资财耗尽，生活在饥饿与困苦之中。开始，他靠友人解囊相助，后来不得不重操旧业。

1836年，莫尔斯接受了一所大学的工艺美术教授的职位，重新拿起了画笔。他回到艺术界，不是休息，也不是退缩，更不是半途而废，而是为了生活，为了再积蓄一点，以便继续进行试验。在他生活的时代，"美国人的发明创造才能够创造一切"成为深入人心的座右铭。古德伊尔（Goodyrar Ch.）、史蒂文斯（Stevens J.）、豪（Howe E.）、惠特尼

（WhitneyE.）、富尔顿（F'uhon R.）等发明家神话般的经历，激励着每一个美国人。莫尔斯不会忘记。"萨丽"号上的奇遇，一旦选择了发明电报这条路，他就要坚定不移地走下去。当他再一次拿起画笔，不禁感慨万千13年前在"萨丽"号上听演说的情景，还有3年中他一次又一次的努力和失败，像潮水般涌上他的心头。他奋笔画了一幅油画，画面上是一片波涛汹涌的大海，大海之上，是一群在暴风雨中奋翅搏击的信鸽。面对这充满激情的画面，莫尔斯心潮如大海般汹涌澎湃，仿佛自己变成了一只振翅高飞的信鸽，在逆风中飞翔……

关键性的突破

　　失败没有使莫尔斯气馁，而是使他变得冷静了。在美术教学之余，他总是苦苦思索着。用导线来传播信息难道不可能吗？不，经过3年的试验，莫尔斯更加坚信，青年医生杰克逊的话是能够实现的。那么，失败的原因在哪里呢？他反省了自己的设计思路，一一认真检查了所有的实验，反复查阅了许多有关资料。

一位懂电学的朋友看过很多亨利（Henry J，1797—1878）的书，他很支持莫尔斯的发明，并帮助他查找实验中的问题。他向莫尔斯指出，电磁铁的绕组必须绝缘，并且还告诉他电池电路应当怎样布置。莫尔斯为此特地去普林斯顿向亨利本人请教。亨利热情地纠正了莫尔斯设计的通信系统中存在的问题，并指出，单靠电池无法把信号发送到想达到的距离，建议他使用亨利的继电器来解决这一问题。在亨利的指点下，莫尔斯进一步改进了电路，并认真对比了前人的工作。在此之前，他和其他人的试验都是用多根导线或磁针的多种位置来代表不同的字母。英文有26个字母，就得用26个不同的状态，因此设备复杂，难于实现。要想取得成功，必须借鉴前人失败的教训，标新立异。经过反复思考，一个崭新的思想在酝酿中成熟了。莫尔斯在科学笔记里充满信心地写道："电流是神速的，如果它能够不停顿地走16千米，我就让它走遍全世界。电流只要停止片刻，就会出现火花。火花是一种符号，没有火花是另一种符号，没有火花的时间长又是一种符号。这三种符号可以组合起来，代表数字和字母。它们可以构成全部字母，文字就能通过导线传送了。这样，能够把消息传到远处的崭新工具就可以实现了！"

莫尔斯站在安培、亨利等科学巨人的肩膀上开辟新路，终于使电报的发明有了关键性的突破。他设想用点（接通电路时间短）、划（接通电路的时间长）和空白（断开电路）的不同组合来表示各种字母、数字和标点符号（简称字符）。这样只要发出两种电符号，用两根导线，就能传送消息，大大简化电报的设计装置。比如用一点一划表示字母a，用5个点表示阿拉伯数字5等。这就是电信史上最早的编码——著名的莫尔斯电码，而且一直沿用至今。

英国电影《尼罗河上的惨案》中有这样一个镜头：制造惨案的凶手为了隐匿他们的罪行，施展了"借蛇杀人"之计。比利时侦探波洛在自己的房间里遇到了眼镜蛇，情势十分危急，此时只要波洛动一动，毒蛇就会立即蹿上来。在无法走脱的情况下，机智的波洛用靠墙的手指在墙上敲了敲，住在隔壁的雷斯上校就立即持剑冲了进来，刺死毒蛇，解救了波洛。上校怎么知道波洛遇险了呢？原来波洛在墙壁上敲的是莫尔斯电码"SOS"的响声（点点点，划划划，点点点），这是国际上通用的遇险求救信号。

　　莫尔斯在发明电码时，在点、划的编排上费了很大工夫。他对报刊上常用的字做了大量分析、统计，还向印刷工人请教。把最简单的电码组合分配给日常生活中最常用的英文字母，如字母e用"点"，t用"划"，a用"点"、"划"等，而z，q，j等不常用的字母，则用较复杂的组合来表示。为了便于记录，10个阿拉伯数字的电码则采用有规律的排列方法，像1用"点划划划划"，2用"点点划划划"。各个字符除在"点"与"划"的组合上有规定外，点和划的长短，以及间隔的大小，也有严格的时间比例。点与划的时间比为1：3；点与点、点与划、划与划之间的间隔等于一个点的时间，每个字符之间的间隔等于3个点的时间；字与字之间的间隔为5个点的时间。假如发送一个"点"的时间为1毫秒，发送一个"划"的时间则为3毫秒；各字符之间需留出3毫秒的间隔；字与字之间要停顿5毫秒的时间。这就是莫尔斯电码的旋律，也是它的组织法。只有严格遵守这些时间比例，才能准确地发报、收报。

为了设计和制造这种新的装置，莫尔斯投入了紧张的工作，美术教学的收入就是他的全部实验经费。有时连买面包的钱都没有，可他还是很乐观。又经过整整一年的努力，在1837年，莫尔斯终于成功地制成了一台传递电码的装置，他把它叫做电报机。这时，这位画家出身的发明家已经46岁了。

在莫尔斯发明电报的同时，还有许多人也在发明电报。1832年，受安培设想的启发，俄国外交官希林（Schlling，1786—1837）决定使用磁针在有电流通过时产生的偏转作为电报信号，设计了6个黑白铜圆盘的组合来表示俄文字母、符号和阿拉伯数字。他以铜片或锌片为正负极的电池作为直流电源，收、发报机之间用6根导线连接。当发报端按下电键时，电路接通，收报端的磁针就偏转，和磁针相连的小铜盘也跟着转动。发报端改变正负接法，收报端铜盘就改变偏转方向，使白的或黑的一面朝着观察者，这样把报文准确地传至对方。沙皇决定先将这项发明用于冬宫和内阁之间，希林将6根导线之间彼此用橡胶绝缘后同放在玻璃管内，然后再埋在地下，这就是世界上最早的一条地下电报电缆线路。

1836年，从印度退役的英国青年军官威廉·福瑟吉尔·库克携带一部希林电报机回到家乡，着手进行改进。他在工作中遇到了很多难题，只好去找英国大物理学家查尔斯·惠斯登（Charles Wheatstone，1802—1875）。从此他俩密切合作，并肩研制出了5指针电报机。

　　在莫尔斯发明电报的同一年里（1837），英国著名物理学家惠斯登和库仑（1736—1806）、德国的斯泰因亥尔也各自独立地发明了电报装置。惠斯登和库仑的装置是磁针式的，用5枚磁针的不同偏向来表示文字；斯泰因亥尔的发明是用一串音调不同的铜铃来做记录信号的终端。比较起来，莫尔斯的电报机实用得多。他采用自己的电码设计思想，并发展了安培和亨利提出的原理，废除了磁针，更用不着二十多个累赘的铃铛。这使得莫尔斯的电报机一出世就具有强大的生命力。

成功前的磨难

电报机终于研制成功了！尽管它还比较粗糙，传递信号的距离还不到12米，却标志着一种崭新的通信工具的诞生。他申请了专利，满怀喜悦地抱着电报机去找企业家，企图说服他们投资。可是回答他的却是一盆盆冷水。一个秃顶的经理回答说："先生，你开玩笑吧？居然想叫我把钱投资在一个粗糙的玩具上！"另一个矮胖的百万富翁讥笑说："哈哈！用导线传送消息？你为什么不发明一枚能够飞向月球的火箭呢？"只顾眼前利益，使这些愚蠢的富翁们一点也看不到莫尔斯电报机发展的前景，他们哪里会料到，莫尔斯的发明将给人类社会带来巨大的变革呢？

莫尔斯满腔忧愤、失望地回到家中。窗外飘着雪花，莫尔斯推开窗户，看见几只鸽子在屋顶盘旋。波涛汹涌的大海上空搏击风浪的信鸽，又仿佛映入了他的眼帘；"萨丽"号饭厅的动人情景又浮现在他的脑海……他好像看到电报机的导线架过屋顶，穿越纽约，一直延伸到全世界，人们都在用他的电码通信。想到这，他不禁心头一热，想起了自己身边仅存的一点值钱的东西——几幅珍藏多年的名画，那是他已故的恩师、一位酷爱艺术的老画家馈赠给他的。莫尔斯忍痛把这些艺术珍品卖给了古董商。他的心里真不是滋味，默默地对老师说："恩师啊恩师，您不要责备我，当学生的电报造福于人类时也有您一份功劳哇！"

试验又坚持下来了，3年又过去了。在最艰苦的时候，一位名叫艾尔弗雷德·维尔的青年技师从外地赶来，自愿和莫尔斯同甘共苦，担任他的助手。维尔是一个小型机电工厂厂长的儿子，一个乐观诙谐的实干家，体格魁伟，机灵肯干，对电磁机械很有经验。莫尔斯不再是孤军奋战了，他有了志同道合、得力而忠实的助手。

　　从此，莫尔斯和维尔一同在实验室里研究探讨，反复试验，对电报机又做了许多改进。他们增加了电池组，增大了环绕磁铁线圈的匝数，从而大大延长了通信距离。维尔还是个优秀的小提琴手，每当工作疲劳的时候，莫尔斯的小实验室里总会响起维尔那悠扬的琴声。欢快的民间乐曲，常常把两人带到遐想的境界，使紧张和疲劳一扫而光。经过两个战友的一年奋战，电报机不断得到改进，最后终于达到了可以实用的水平，眼下就等实地验证和被社会认可了。

　　1840年，莫尔斯带着改进后的发明，离开纽约去华盛顿，希望自己的发明能得到政府的认可和资助。莫尔斯克服重重困难，坚定地宣传电报的重要性与先进性，他的满腔热情和不懈精神终于说服了一名国会议员，在国会提出了一项拨款3万美元的议案，资助他在华盛顿到巴尔的摩之间相距64千米的地段上建立一条实验性的电报线路。但议案最后还得提交国会批准才能实施。

莫尔斯的发明，能作为一项议案提交国会，这已是一个不小的成功，使他备受鼓舞，陷入幸福的遐想之中，幻想着梦寐以求的理想就要实现。他抑制不住自己内心的喜悦，迫不及待地给维尔写了封信，向他报喜，并叫他做好一切试验准备。在等待的日子里。50岁的莫尔斯既兴奋又忐忑不安……

不料国会经过几次激烈的辩论，热衷于驿站马车和法国老式通信机的保守观点占了上风，有关电报的提案没有通过。莫尔斯得到通知后，如五雷轰顶，受到了沉重的打击。

莫尔斯伤心地回到纽约，他的口袋里只剩下不到一美元。他紧紧握住前来迎接他的维尔的手，一时竟说不出话来，两行泪珠不禁夺眶而出……

　　莫尔斯为发明电报耗费了10年心血，他牺牲了锦绣的艺术前程，抛弃了教授的舒适生活，把自己的全部精力和智慧都贯注到电报机上了。实际上，电报机的研究已经完成，如今却得不到进行实践检验和向社会宣布成果的机会。

　　维尔依依不舍地离开了莫尔斯和他的实验室，分手的时候，年轻的技师深情地望着莫尔斯，许久许久才说出一句话："先生保重！"

　　在这以后的日子里，莫尔斯贫病交加。迫于生活，他只好又和线条、颜料、画板打起了交道，因为除了绘画他没有别的谋生手段。然而由于他长久不画，笔墨生疏，他的作品已无人问津，这位伟大的电报发明家莫尔斯终日挣扎在饥饿线上……

"上帝创造了何等的奇迹"

但是，科学技术的进步是阻挡不住的，凡是为人类造福的发明，都必将受到历史的尊重。一天，奇迹发生了！莫尔斯收到一封束着朱红绸带的公函，他用微微颤抖的手把信拆开，一行醒目的字映入眼帘："塞缪尔·莫尔斯先生，我们荣幸地通知你，参议院已经通过关于修建电报实验线路的拨款提案……"原来关于电报的议案1842年2月又被重新提交国会讨论，但当时人们还没有认识到电报将对人类、通信发挥巨大的作用，国会的拨款的辩论形同儿戏，令人啼笑皆非，辩论的结果是以89票对83票的微弱多数获得通过，有70名议员因对提案不感兴趣而弃权。

这个意外的消息给莫尔斯的电报机带来了生机，他兴奋无比！然而他当时已身无分文，他立即给已经改行的维尔写了封信，又到一个跟他学过美术的学生那里借50美元买了一套新衣服，急急赶到了华盛顿。不久，维尔也兴冲冲地赶来，两位战友在首都相逢，不禁热泪盈眶。伟大的事业终于展现在眼前，在莫尔斯的领导下，从华盛顿到巴尔的摩的电报线路（也是世界上第一条实用的电报线路）动工兴建，不到两年就完成了。

1844年5月24日，人类通信史上的庄严时刻到了。这一天，华盛顿沉浸在节日般的气氛中，在国会大厦联邦最高法院会议厅里，莫尔斯向应邀前来的几位科学家、政府人士介绍了实验原理，维尔不安地等候在64千米外的巴尔的摩。大厅外面观众云集，人们怀着极大的兴趣来观看"用导线传送消息"的奇迹。几年前嘲讽过莫尔斯的那两个富商也来了，他们万万没有想到，当年被他们瞧不起的电报机，现在有了这么大的排场。预定的时间到了，莫尔斯坐在用自己心血制成的电报机旁，沉着地敲出了"嘀嘀嗒嗒"的信号，即一连串的点和划——一种至今仍记录着莫尔斯名字的电码，开始发出了电文，这是人类历史上第一份电报："看看上帝为我们创造了什么样的奇迹！"——一句摘自《圣经》的话。

对于莫尔斯来说，这是神圣的一天，胜利的一天。是夜，莫尔斯在给他哥哥的信中这样写道："还有什么语言能够比这句虔诚的赞颂更合适呢？这样的一个事件，当一个发明带来了这样大的奇迹，在此之前又受到了那么多怀疑，终于从遥远的幻觉之地起飞，成为了现实！"从此，人类通信史揭开了新的一页。莫尔斯的发明迅速风行全球，在其鼎盛时期，被人们赞誉为"思想的瞬时大道"。尽管当今海洋上航行的"救难信号"已被卫星和无线电设备系统所取代，但人们永远不会忘记莫尔斯电码在一百多年岁月中发挥的巨大作用。

穿越海底的电缆

　　莫尔斯发明电报以后，不到20年功夫，电报这种新的通信方式就已经风靡世界。当时无线电还没有发明，莫尔斯电报只能进行有线传送，且只限于在陆地上使用，这已远远满足不了通信事业飞速的发展。英国和欧洲大陆之间、欧洲大陆与美洲大陆之间传统的邮船通信已显得太落后了，人们迫切需要在海底铺设电缆，以实现大陆之间的电报通信。1850年，英国技师雅各布·勃莱特（Jacob Brett）在英法之间的多佛尔海峡，完成了世界上最早的海底电缆的铺设。由于电缆外层没有钢丝保护层，由"巨人"号拖船敷设，只发了几份电报，在铺设的第二天，即8月28日，这条电缆就断裂了。一个捕鱼人用拖网勾起一段电缆，并截下一节，高兴地向别人夸耀他得到了珍稀的"海草"标本，说里面装满了金子。1851年，雅各布·勃莱特把由德国工程师沃纳·西门子刚刚研制成功的马来树胶绝缘法应用于这种电缆，取得了良好的效果。

由于英国担心这项工程会损坏英国与欧洲大陆之间的天然屏障，所以基本上没有支持这项计划。英国工程师斯蒂芬森甚至掀起了一场诈谤运动，倒是法国国王路易—拿破仑·波拿巴（Lonis Napoleon Bonaparte）资助了雅各布。第一条横穿英吉利海峡的海底电缆于1851年建成，正式开通了商业电报，从而开创了国际通信的历史。短短几年，多佛尔海峡电缆电报公司获得了巨额商业利润。人们要求在大西洋海底铺设跨洋电缆的呼声越来越高。然而，要铺设长达4000千米的跨洋海底电缆谈何容易！当时尚有许多理论上和技术上的问题还没有解决。1854年海峡电报的一位技术人员克拉克发现了信号延迟现象，即信号通过海底电缆时，收报比发报要滞后一定时间，他不能解释这种现象，请求科学界给予解释。对于这一现象，许多人认为很正常，并没有给予重视，然而正在格拉斯哥大学任教的年轻的大学教授威廉·汤姆逊（1824—1907），即后来的开尔文勋爵，知道这件事后，却怀着极大的兴趣研究了这个现象。

他意识到，海底电缆铺设距离越长，信号延迟的时间也越长，而且出现信号衰减和失真，以致不能正常传递电报。经过整整一年的系统研究，汤姆逊提出了关于海底电缆信号传递的理论，这一年他正好31岁。

有趣的是，麦克斯韦31岁提出电磁理论，赫兹31岁证实电磁波的存在，似乎31岁正是电子科学家为通信作出贡献的好年华。

　　1855年，汤姆逊发表了信号传输理论的论文，系统地分析了海底电缆信号衰减的原因。他指出，由于海水是导体，包着绝缘层的海底电缆同海水组成了一个电容器，这就使信号传递有个充放电的过程。如果采用增大铜线截面面积来减小电阻，加厚绝缘层来减小分布电容，并且使用小电流，则可以使信号的延迟降低到最低程度。这个理论成了后来设计海底电缆通信工程的重要理论依据。

第一条大西洋海底电缆

经过整整6年的酝酿和筹备，1856年，大西洋海底电缆公司终于正式组成，资本总额是35万英镑。美国人赛勒斯·费尔德（Cyrius Feld，1819—1892）是这项工程的发起人，为此，他几乎耗尽了自己的全部家产。苏格兰的股东选聘汤姆逊当董事，按照公司章程规定，公司董事由各个地区的股东选定，在股东没有分到10%的红利之前，董事没有薪金；也就是说，在工程完成、公司没有赢利之前，汤姆逊只能是白干。但是这项举世瞩目的工程把他吸引住了，尽管他刚刚发表了最出色的论文《瞬间电流》——电磁学史上一篇具有重大意义的论文。如果汤姆逊沿着这个方向研究下去，很可能成为电磁波的第一个发明者。但汤姆逊不计较报酬，无薪水保证没有止住他的脚步，他渴望把自己的理论付诸实践，在大西洋海底电缆铺设工程中大显身手。在大西洋险恶的风暴条件下，汤姆逊一干就是10年。在这海底电缆建成之前，汤姆逊一直是以格拉斯哥大学教授的身份无偿义务工作的。

凭汤姆逊的学识和才智，他是担任这项工程电气工程师最合适的人选，但在工程初期，由于汤姆逊年轻（仅有32岁），公司并没有重视他。一位名叫华特霍斯的人虽然并不精通电学，但凭着关系却当上了电气工程师。如果他能够虚心听取汤姆逊的意见，工程也许能进行得顺利些，可是他喜欢独断专行，爱瞎指挥，对既无实权又无实职的普通董事汤姆逊在技术上的好建议都随意否定了。

工程一开始，就遇到了麻烦。公司筹备处早就把电缆说明书交给了承办厂商，而且已经开始制造。该设计是华特霍斯凭主观想象搞出来的，汤姆逊和总工程师博拉特发现，设计书上的电缆直径比理论要求小得多，根本不符合要求，但取消合同已经来不及了。

为了补救这一错误，使工程摆脱混乱局面，汤姆逊率领他的助手对铜的电阻率进行了突击研究。汤姆逊希望，在没有办法增加铜线直径的情况下，找出提高铜线电阻率的办法来挽回设计上的失误。他和助手们把能够从市场上买得到的铜线都买来进行测试，发现它们的电阻率差别很大，而且只要在铜里加入微量的特定物质，就可以使铜的电阻率减小很多。根据总体设计，第一条大西洋海底电缆将由1200段铜电缆焊接而成，每段长3千米。如果各家承包商不按统一设计规格生产，各段电缆的电阻率不一样，整个电缆的电阻率就会相差很大。汤姆逊对电缆铜材的规格提出了严格的要求，并总结出一套实用的测量方法，为制造出合格的电缆提供了保证。当汤姆逊把研究报告提交给公司时，却遭到了电气工程负责人华特霍斯的反对，并指责年轻的汤姆逊好高骛远。承办厂商也跟着专横的华特霍斯起哄，说汤姆逊的设计要求太高，没办法达到。

汤姆逊的研究报告，关系到海底电缆的成败，也关系到公司的生死存亡，在公司总经理费尔德的支持下，董事会召开联席会议进行辩论。汤姆逊在会上列举了通过实验得出的大量数据，有力地说明了自己的主张。最后，他的意见被采纳了，厂商也只好按新的标准签订了合同。

1857年，盼望已久的电缆终于造好，沟通欧美大陆的第一条海底电缆就要铺设沉放了，它引起了全世界的关注。英、美两国政府拨出两艘海轮专供电缆铺设施工使用。电缆的两个终点站分别设在加拿大的纽芬兰岛和英国的爱尔兰，因为这两点横跨大西洋的距离最近。

第一条大西洋海底电缆开始铺设了，华特霍斯却借口"身体不舒服"，拒绝随船出航。董事会只好请求汤姆逊来代理他的职务。虽然没有薪金，汤姆逊还是答应了。电缆一海里一海里地延伸着，当电缆沉放到330海里时，意外地发生了断裂，第一次电缆沉放失败了。即使这次沉放成功，也还存在信号微弱、接收困难等问题。

事后人们在事故分析中找到了两条原因。电缆断裂的原因是外层机械抗拉强度太低，这一点比较容易解决；关键的问题是如何接收弱电信号。多佛尔海底电缆距离较近，弱电信号的接收问题还不明显，但是大西洋海底电缆不解决这个问题就不可能成功。年轻的电学家下决心，一定要赶快把灵敏度高的电报机研制出来！

机遇只偏爱有准备的头脑

为了研制出高灵敏度的电报机，汤姆逊和他的助手几乎整天都泡在格拉斯哥实验室里。他们试验了多种方案，但都失败了。1857年的秋天和冬天，汤姆逊就这样苦苦地探索着，几乎陷入了无法排解的困境……

冬去春来，第二年初，一个春光温煦、风和日丽的日子，对弱信号放大问题一筹莫展的汤姆逊，为了轻松一下头脑，特意邀请了五六位好朋友到海滨去玩，其中有德国大物理学家亥姆霍兹（1821—1894）。亥姆霍兹比汤姆逊长3岁，虽然在电学、光学、热学方面对物理学的发展都有贡献，但他十分佩服汤姆逊的才华，曾经谦虚地说过："当我站在他身旁时，常觉得自己像一只木鸡。"

来到海滨，汤姆逊租了一条游艇，大家争先恐后地上了船。正要起锚时，一位朋友发觉汤姆逊"失踪"了。

"威廉，你在哪里？"朋友们呼喊开了。喊了一阵，还是不见汤姆逊的影子。大家只好坐下来聊天，等候他。

亥姆霍兹很着急地在甲板上来回踱步，四处搜寻。突然，他发现汤姆逊钻在船舱下面，正低着头在随身携带的小本本上画着什么。有点生气的亥姆霍兹真想凑到汤姆逊的耳朵边大喝一声，再揍他一拳，但是他没有去惊动朋友。只见他从衣服口袋里掏出镜子，对着太阳，把阳光反射到汤姆逊的脸上，不时地晃动。

汤姆逊由于眼睛受到强光的刺激，中断了设计新电报机的思路，抬头看了一眼站在甲板上哈哈大笑的亥姆霍兹。汤姆逊领悟到自己怠慢了朋友，正想赔不是的时候，突然呆住了。他两眼直愣愣地看着亥姆霍兹手中的镜子，兴冲冲地高喊："有了，有了，我的亥姆霍兹！"说完，他扔下朋友，大步流星地跑回实验室。

朋友们感到大惑不解，游兴也随之烟消云散。他们追到了实验室。

"亥姆霍兹，你今天可帮了我大忙了！"汤姆逊十分高兴地对追赶而来的朋友们说。

"威廉，你说什么呀？"亥姆霍兹愣住了，惊奇地问道。

"这些天，我一直在为弱信号放大发愁，"汤姆逊喜形于色地回答说，"是你使我找到了解决难题的办法。"接着他拿出一面镜子，对着阳光微微地晃动，镜子只转动了一点儿，远处的亮斑却移过了很大的一段距离。"这不就是一种放大吗？"

过了不久，汤姆逊根据这个原理，发明了镜式电流计电报机，还获得了专利。

这种装置，高斯（1777—1855）和韦伯（1804—1891）也设计过，但都没有达到实用的水平。汤姆逊发明的这种电报机，灵敏度很高，给长距离电缆通信提供了实用的终端设备。

万事俱备，只欠东风。弱电信号的接收问题解决了，汤姆逊急切地期待着第二次出征……

通信史上的壮丽诗篇

　　1858年春夏之交，大西洋海底电缆沉放工程再次开始。华特霍斯又借故拒绝出海，汤姆逊从大局出发，还是承担了代理电气工程师的工作。没有职务，没有薪金，有的是大海无情的风暴、险恶的施工条件和无比重大的责任。

　　"亚加墨娜"号船载着电缆从北美出发，东渡大西洋，沿途沉放电缆，劈浪前进。汤姆逊在船上负责实验室的工作。大西洋是海神波塞冬的圣地，这位海神好像故意要考验汤姆逊一行似的，铺缆船进入大西洋的第二天，海上就刮起了风暴。汤姆逊不顾危险，指挥大家顶着风浪沉放电缆。大风大浪整整持续了一个多星期，近2000千米的电缆绕在甲板上，足有两百多吨重，船在风浪中颠簸着，没有多久，沉重的电缆就把甲板戳了一个大洞。海水浸入下面的实验室，电缆也绞在了一块，不能顺利地沉放。汤姆逊早把生死置之度外，和伙伴们一起，在风浪中拼搏着、战斗着……海神波塞冬好像被汤姆逊一行人的精神所感动，风浪终于退却了。船员们腾出手来把船抢修好，继续沉放电缆。8月3日，在海上搏斗了一个多月的"亚加墨娜"号，终于驶进了爱尔兰。8月5日上午，3240千米长的海底电缆，在爱尔兰与纽芬兰之间敷设完毕，是5日15时55分，汤姆逊拍发的第一份海缆电报穿过大西洋，告诉另一艘"尼加拉"号敷缆船，"亚加墨娜"号已经到达爱尔兰。5分钟后，美洲一端清晰地收到了信号。茫茫大西洋终于被征服了！消息传开，大西洋两岸沸腾了，欧美两大陆距离仿佛缩短了几十倍、几百倍。人们奔走相告，载歌载舞，盛况空前。

汤姆逊为大西洋海底电缆的制造和敷设建立了不朽的功勋，受到了人们的称赞；他在海上坚定、沉着的表现，赢得了人们的尊敬。他的所有工作都是义务的，就连电流式电报机也是自己花钱研制的。在风浪险恶的"亚加墨娜"号上他是电气工程总指挥，然而在风和日丽的陆地上，却被华特霍斯收回"将印"去了。

尤其可恨的是，狂妄自大的华特霍斯擅自决定把汤姆逊的电流式电报机取下来，换上他设计的终端机。可他的装置根本收不到弱电信号，整整一个星期，第一条大西洋海底电缆连一条消息也没有传递。这个事故使公司和舆论界大为惊异，经过调查，才知道是华特霍斯的装置引起的。公司责成他立即换上汤姆逊的终端装置。8月13日，大西洋海底电缆终于正式通报。但是由于华特霍斯只换了一部分装置，英国女王一封不到100字的电报，竟用了十六个多小时才传到纽芬兰岛，而对方拍回来的电报却只用了六十多分钟，因为美洲一端仍一直采用汤姆逊的装置。

在铁的事实面前，华特霍斯被撤了职，汤姆逊被正式任命为公司的电气工程师。汤姆逊为人宽厚，虽然他取得了胜利，却没有全盘否定前任的工作，还诚恳地指出华特霍斯在使公众相信大西洋海底电缆能够铺设成功方面是有贡献的。

然而好景不长，海底电缆使用不到一个月，9月3日凌晨1时，由于一个报务员操作错误，给电缆加了一个2000伏特的高压，使电缆绝缘被击穿，发生了严重故障，信号变得模糊不清。又过了两个星期，电缆彻底损坏，刚刚建立的跨洋通信完全中断了。对此公众反映十分强烈，出现了各种各样的批评。汤姆逊他们经过一番努力，发现是电缆的制造不合要求，绝缘层抗腐蚀太差，电缆在海水里浸泡一段时间以后就开始漏电，有的地方甚至完全断裂了。

大西洋海底电缆公司在第一条电缆的建造中耗费了几十万英镑的资金，最后竟没有取得成功，不少股东想打退堂鼓了。汤姆逊竭力说服他们，指出第一条电缆虽然寿命不长，但却证明了长距离海底通信是完全可以实现的，应该总结经验继续干下去。总经理费尔德也坚决主张干下去，这位比汤姆逊大5岁的美籍企业家在整个工程中起着中流砥柱的作用。一个是学识渊博、技术精湛的科学家，一个是深谋远虑、不畏失败的企业家。在这两位精英的努力和坚持下，公司没有解散，熬过了资金短缺、内部人员思想混乱的困难时期。后来，在政府的鼓励和支持下，费尔德和汤姆逊又开始规划了一条新的、全长3700千米的穿越大西洋的海底电缆。

1865年初，经过改进的第二条大西洋海底电缆在汤姆逊的苦心经营下制造出来了。公司吸取了第一次施工的教训，在电缆制造过程中，都是先进行技术实验，证明可行无误后再投入生产。一步一个脚印地进行到6月，第二条大西洋海底电缆的铺设又开始了。尽管这时汤姆逊因滑雪摔断了腿，行动不便，但是他还是参加了远航，不畏艰险地领导施工。这次的电缆比第一次的重3倍，为此在当时最大的海缆敷设船"大东"号装备了专门的设备。这艘两万两千多吨的巨轮，有6根主桅杆，3个大烟囱，船身高大雄伟，比第一次的"亚加墨娜"号壮观多了。电缆铺设开始还顺利，人们都寄予很大希望。不料好事多磨，"大东"号航行到大西洋中部的时候，电缆又意外折断，坠入了3700米深的海洋中……几年的心血又白费了。汤姆逊和同伴们异常悲痛，当他们乘着空船返航时，每个人的脸上都挂着晶莹的泪花……

　　这次损失实在惨重，公司当年不得不暂时停止了工作。但是，汤姆逊是一个胸怀大志、坚强无比的人，任何困难都吓不倒他！

一天傍晚，到海边去散步的总经理费尔德，远远望见拄着拐杖的汤姆逊伫立在海边，夕阳照着他的全身，像一尊面对大海的铜塑……

"教授，您在想什么？"走近汤姆逊的总经理亲切地问道。

"海底电缆！"电气工程师凝视着大海。

"是呵，我们已经付出了9年的代价。"费尔德感慨地说。

突然，汤姆逊转过身来，激动的情绪涨红了他的脸："费尔德先生，只要再造出一条电缆，我保证能够成功！"

"您真的有把握？"

"我坚信大西洋阻挡不住人类前进的脚步！"

汤姆逊坚定的情绪感到了总经理，公司鼓足了勇气，决心制造第三条电缆。

经过一个秋冬的奋战，第二年春天，第三条电缆终于制成了。

1866年4月，"大东"号再度起航，不屈的汤姆逊又一次披挂上阵，主持领导第三次海缆的沉放。

　　有志者事竟成，这次沉放一举成功。6月中旬，海底电缆的终端在爱尔兰登陆。欧美大陆再次进行了通报，效果良好。经过了整整10年的苦战，永久性的大西洋海底电缆终于完成了！

　　在这次成功的鼓舞下，"大东"号第三次出海，在总经理和汤姆逊的亲自指挥下，顺着第二次海缆沉放的路线，去寻找丢失的电缆。经过一个多月的紧张搜索，终于把断裂的海缆打捞了上来。断裂的电缆上又接上了一段新的电缆，一直铺设到北美的纽芬兰岛。公司因祸得福，一下子有了两条完善的跨洋电缆。

　　大西洋海底电缆的铺设成功，和电报的发明一样，是人类通信史上一座新的里程碑。汤姆逊因而获得了很高的荣誉，1866年，英国政府封他为爵士；1892年，又授予他"开尔文勋爵"的封号。从此以后，人们都称汤姆逊为"开尔文"。

　　一百年过去了，开尔文铺设的海底电缆仍旧是国际通信的重要手段。据统计，目前英美两国之间每年通话量2000万次，其中有一半是通过海底电缆传送的。可见开尔文当年工作之伟大！

电话的发明

电报的发明揭开了电通信时代的序幕，它以接近光的速度为人们传递着信息。但人们发现从发出电报到对方收到电报要经过译报、发报、收报、抄报等多道手续，而且不能立即得到回答。不满足现状的人们又开始了新的用电直接传送人的语言的探索。和电报一样，电话的发明并不是哪一个人的功劳，而是一批发明家共同努力的结果。有许多人声称自己是电话的发明人，也有许多国家要求承认他们的电话发明权。

早在1684年，英国科学家罗伯特·胡克在皇家学会上第一次作有关视觉通报讲演时，提出了在远距离传输人类话音的建议。他用一根拉紧的导线做了多次传输话音的试验。

1837年，美国医生查尔斯·格拉夫顿·佩奇（Charles Graften Page）发现这样一种现象：当铁的磁性迅速改变时，可发出一种音乐般的悦耳声音，而且这种声音的响度随着磁性变化的频率而改变。19世纪50年代，许多发明者曾建议利用电报的通断原理发送声音。1860年，德国的菲利普·赖斯（Philipp Reis）第一次用电将一曲旋律发送了一段距离，他把这个装置叫做"Telephone"，中文意思为"电话"。一般认为这就是"电话"这个词的来历。

在1876年以前，已有不少科学家从理论上对电话这种通信方式做了说明，但是人们普遍认为，第一部电话机于1876年在美国投入使用。有两个人几乎是同时研制出了可以通话的电话样机，他们是格拉海姆·贝尔（GrahamBell，1847—1922）和伊莱沙·格雷（Elisha Gray）。在1876年2月14日这一天，贝尔和格雷同时向纽约专利局申请了电话发明专利，但格雷比贝尔晚来了两小时。正是这两个小时，在数年之后旷日持久的诉讼中，成为法院裁决的依据，法院最后判决贝尔胜诉。从此贝尔发明电话的故事传遍全球。

"我知道那是可以办到的，我一定能找出实现的方法来。"

这句充满信心的话，是一个多世纪以前格拉海姆·贝尔在对其他科学家宣称他正试验通过一根电线传达人类声音时说的。

就像莫尔斯发明电报那样，贝尔成功的关键是他那一定要做成事的决心。正是这种决心和孜孜不倦的努力，使贝尔在莫尔斯发明电报31年以后，又为人类带来了我们每天沟通信息最重要的工具——世界上第一台电话机。

小小顽童

格拉海姆·贝尔于1847年3月3日出生在苏格兰的爱丁堡。他的父亲和祖父都是著名的语音学家。他们在聋哑人中间工作过很多年，对人体发声器的构造、功能和人的听觉特点等都有深入的研究。贝尔的父亲还创造出一套借助手势、口型来表达思想感情的"哑语"，给聋哑人带来了很大的方便。贝尔在这样的家庭里生活，从小就受到熏陶，对语音的传递产生了浓厚的兴趣，这为他后来发明电话播下了"种子"。

贝尔并不是神童，和许多发明家一样，在幼年时并没显出他有多么聪明。

和贝尔同岁的大发明家爱迪生（1847—1931），刚上小学时每次测验成绩都是全班最差的。上了3个月后，只得退学回家。他成功的秘诀在于一生勤奋。

贝尔比爱迪生好不了多少，除了语音课学得较好之外，其他课程都跟不上。幼年的贝尔过分贪玩，淘气得出奇，他特别喜欢小动物。在小贝尔眼里，有着圆溜溜亮眼睛的小老鼠和毛茸茸圆肚子的小麻雀，好像有一股灵气，是他最知心的朋友。上学的时候，书可以不带，麻雀、老鼠却要塞进书包。

一次老师正在课堂上讲《圣经》课，许多同学都静静地坐着虔诚地听讲……

淘气的贝尔不愿听老师枯燥无味的说教，他偷偷把书包开个小缝，忘情地和小老鼠玩了起来……突然"啪"的一声，老师的教鞭重重地敲在贝尔的桌上，贝尔一走神，机灵的小老鼠乘机从书包缝钻了出来……

教室里立刻乱了套：惊慌失措的小老鼠在教室里四处乱窜；淘气的男孩争着去抓老鼠，兴奋地喊着；胆小的女孩被吓得直躲，尖声地叫着；气坏了的老师脸色煞白，拿教鞭的手不住地抖着……

此时小贝尔反而不知所措，愣愣地待在自己的座位上……

不久，贝尔被祖父接到伦敦，由这位语音专家直接管教。祖父是个慈善家，最同情那些聋哑人，一生从事帮助聋哑人的事业，他热爱自己的工作，尽心尽力地教育聋哑人。同时他又是很有个性的老头，他很疼爱孙子，但对孙子要求却非常严格，教训人时眼睛瞪得老大，花白胡子吹起老高，像头狮子。起初贝尔有点望而生畏，后来又很喜欢他了，因为祖父知识渊博，简直是一部百科全书。贝尔同他生活了一年，学到不少东西。贝尔后来回忆说："祖父使我认识到，每个学生都应该懂得的普通功课，我却不知道，这是一种耻辱。他唤起我努力学习的愿望。"正是这种愿望，激发贝尔踏上了探求科学真理的道路。

贝尔的父亲为人温和淳厚，和贝尔的祖父一样是从事聋哑人教育的慈善家，他常常用温和的口吻对幼小的贝尔说："孩子，世界上最痛苦的是那些失去光明的瞎子、听不见的聋子和说不出话的哑巴，他们同为人类但眼不能见、耳不能闻、口不能言。我们穿漂亮的衣服，欣赏美丽的花草，但瞎子看不见；我们能听音乐、笑话使心里高兴，但聋子就没有这种福气；我们能谈笑自若，心有所思则发之于声，而哑巴则被剥夺了说话的权利。想起来我们的幸福真是与他们有天壤之别。我们除了感谢上帝之外，同时必须尽一己之力，同情他们，安慰他们，给他们以帮助。希望你能好好学习，长大成年之后，能有本事救救这些受苦之人！"

祖父和父亲的教诲，给了幼年的贝尔一颗慈善的心。这颗心埋藏着发明的种子，使他从少年时期就开始用他的发明为有困难的人服务。

少年贝尔

在祖父的教导下，小贝尔好像长大了许多，在他从伦敦回到家乡读完小学之后，进了罗耶尔中学读书。在他家的附近，有一座水磨坊，住着父子二人，用一个笨重的老式水磨磨面。平时工作都是由那个青年担当，后来那个青年应征当兵去了，只留下老人自己独自靠磨面谋生。如遇天旱水少，水磨停转，老人就只好饿肚子了。贝尔看到这种情况，很同情老人，便约了一群少年伙伴来帮忙。开始，孩子们都觉得好玩，大家都肯出力，但是过了几天便厌倦了，陆续有人不干了，最后，只剩下贝尔一个人，难以推动沉重的水磨。

贝尔独自冥思苦想，设法用一个人的力量推动水磨。"需要是发明之母。"尽管别的孩子都在热火朝天地玩耍，但一心想要设计出一个用很小的力就能推动的新式水磨的少年贝尔，却把自己整天关在父亲的书房里翻阅图书资料。他先想到改进臼齿，以减少摩擦力，然后又想到，麦粒是圆形的，滚动起来十分省力，将这一原理用于臼轴，臼的转动一定会变得灵活。经过一个月的反复琢磨，他居然设计出了一幅改良水磨的草图。几个工匠师傅看了都很称赞。草图画得不算好，但是原理很巧妙。草图上水磨的臼齿结构，同现在滚珠轴承的原理有些相像。按照草图改制的水磨，小孩都推得动。这不仅使磨坊老人摆脱了困境，全村磨面也方便了。消息传出去以后，邻近村镇的人都赶来仿造。虽然当时贝尔只有十五六岁，但一下子却成了同伴们心目中的英雄。

在同学们的拥护下，贝尔成立了一个"少年技术协会"，还订了章程，要求每个会员负责一门自己感兴趣的学科，每周讲演一次，发表各自研究的成果。贝尔负责语音学和生物解剖学。贝尔父亲书房顶上的阁楼，成了他们的"讲演厅"。这群少年通过活动，增长了很多知识，也闹了不少笑话。

一次，有个会员在路边发现了一头死了的小猪。他想大家平时研究的不外是青蛙、甲虫之类的东西，这次要是用猪来做实验，一定会更有趣。于是他把小死猪拖到了阁楼上。贝尔见到小猪，如获至宝，当着全体会员开始讲演起来。他把猪的生理特点从头到尾讲解完以后，就动手解剖。贝尔手持小刀，挨近猪边，心里不由得卜卜直跳，心想，这毕竟比青蛙、甲虫大多了，不知道能不能一下子剖得开。但在这种场合之下，决不能畏缩！于是贝尔鼓足勇气，挥刀直向猪腹刺去。不料这头猪已经死了好几天，内脏已经腐烂，肚子涨满了臭气。刀子一戳入，臭气有了出口，突然"扑"的一声全喷了出来，顿时臭气冲天，烂肠朽肚流溢四溅。贝尔因靠得最近，受害最甚，立即丢刀而逃，其他会员也大吃一惊，个个争先恐后捂着鼻子逃跑了。

根深叶茂

　　1864年，17岁的贝尔进入英国北部的著名学府——爱丁堡大学攻读语言专业，他立志要学好本事，为解除聋哑人的痛苦作出贡献。他学习十分刻苦、勤奋，怀着浓厚的兴趣学习钻研人的语言、人的发声机理和声波振动的原理等知识。3年后，贝尔以优异的成绩毕业，又继续到伦敦大学学习语音学。由于此时英国正流行肺病，他的两个兄弟都因此而不幸去世，父亲十分悲痛。在医生的建议下，贝尔的父亲带着全家离开了多雨潮湿的英国，渡海移居到阳光充沛的加拿大安太利。

贝尔在加拿大继续钻研语音学，并在一所中学教授语音课。由于他能将自己学到的丰富的理论知识与家传的实践经验完美地结合起来，所以他在声学领域很快脱颖而出，22岁时就被聘为美国波士顿大学的语音学教授。1871年，贝尔到美国定居，此时他们父子两人都已是北美闻名遐迩的语言学专家了。他们经常应邀到各地讲演，深受听众的欢迎。与此同时，父子俩还在波士顿开办了一所聋哑学校，传授老贝尔自编的那套手势哑语。

贝尔在语言学方面的兴趣和决心都很大，而且成就斐然。开始，他从来没有想过要去研究电学，但是在当时，电作为一种新的手段正被越来越广泛地运用到生产和生活的各个领域。1844年莫尔斯电报机和电码的发明，使电为人们提供了一种新的传递信息的手段。长于思考而又有极强动手能力的贝尔，也想到利用电这种新的手段来为聋哑人提供帮助。

虽然莫尔斯的电报给通信带来了革命，成了一种新兴的通信工具，不过电报只能传递电码，有一定的局限性。能不能进一步发展为用电流直接传递人的声音呢？这个问题引起了很多发明家、科学家的兴趣。人们苦思冥想，进行了二十多年的探索，都没有成功。因为发明电话要比发明电报困难得多。用电线传递电码，只要按规定截止、导通就行了，可是语音是声波的振动，它怎样从导线上传递呢？

几年来，贝尔也一直在探索这个奇妙的问题。他家从祖辈起就研究语音，语言学是他的本行专业。对他来说，发明一种用电传送声音的机器不只是美好的愿望，也是一种义不容辞的责任。他下决心要发明一种用电来传送声音为聋哑人服务的机器。

偶然发现

有一天，一次偶然的实验启发了他。

贝尔正在研究聋哑人用的一种"可视语言"。按照他的设想，是在纸上复制出语音声波的振动，好让聋哑人能从波形曲线上看出"话"来。由于识别曲线很不容易，设计没有实现。但是贝尔在实验中却意外地发现一个有趣的现象：在电流导通和截止的时候，螺旋线圈发出了噪声，就好像莫尔斯电码的"嘀嗒"

声一样。

这个细节，一般人是不会留意的。贝尔是个有心人，为了证实他的发现，他反复做了许多次。令他惊喜的是，每次结果都一样。在以后的试验中他还发现可以像传递莫尔斯电码的"嘀嗒"声那样通过导线传递音乐声，但总是不能传递人类的语言。这是为什么呢？善于思考和发现问题的贝尔，反复实验和思索着……突然，一个大胆的设想在贝尔脑海里出现了：在讲话的时候，如果能够使电流强度的变化模拟出声波的变化，那么用电流传送语音不就能够实现了吗？这个思想，成了贝尔后来设计电话的理论基础。一个伟大的发现往往起因于一偶然的细节，但实际上客观存在是长期酝酿的结果，看似偶然，实非偶然。如果贝尔没有深厚的语言学功底，没有良好的实验素质，他是不会从看似微不足道的细节中发现实现电话的机理的。

年轻的贝尔兴冲冲地把自己的想法告诉了他的

几位电学界的朋友，他很有信心地说："我相信这是可以办到的，我一定要找出办法来！"可是他的朋友们都不以为然，有的耸耸肩膀，有的只是付诸一笑。一位朋友甚至好心地对他说："你所以产生这种幻想，是因为你缺少电学常识，只要多读几本《电学入门》，导线传送声波的妄想自然就会消失了。"

贝尔没有得到朋友的支持，但他不气馁，他决心去华盛顿，向约瑟夫·亨利（Joseph Henry，1797—1878）请教。

学吧，干吧！

亨利是苏格兰清教徒的后裔，美国独立战争期间，他的祖父母移居到北美。亨利的父亲是一名穷苦的车夫，亨利小时候生活在外祖母身边，曾就读于当地的乡村小学。在他14岁时，父亲不幸逝世，亨利不得不辍学回到奥尔巴尼，与他的母亲相依为命。为了生计，亨利学习过修理钟表和琢磨玉石，还曾是一名出色的演员。

16岁那年，格雷戈里（Gregory G.）神学博士的一本科普小册子——《实验哲学·天文学和化学通俗讲义》使亨利对科学产生了兴趣，于是22岁的亨利作为一名超龄生，被奥尔巴尼学院破格录取。亨利学习时记忆力很差，别的同学上过课后，书本一扔就玩去了，亨利则把所学过的东西反复朗诵，直到记熟为止。经过不懈的努力，亨利终于成为了一名很杰出的科学家。他曾同法拉第同时独立地发现了电磁感应现象。事实上，他的发现还早些，只是没有第一个发表。亨利还发明过摆动式电动机、继电器。莫尔斯的电报机就是根据他提出的原理发明的。亨利为人谦虚，不重名利，他一生有很多发明，却不愿申请专利。许多本应由他享有的荣誉，他都让给了别人。在相当长的时间里，人们都不了解他。后来才发现，他的伟大不在法拉第之下。为了纪念他的卓越贡献。1893年，在美国举行的国际电学家会议上，决定在实用单位制中，用他的名字"亨利"作为电感的单位。

亨利晚年担任美国史密林学会首任会长，威望很高。贝尔去拜访他的时候，他已经76岁了。

1873年的一天，一个头发黝黑、充满朝气的青年人冒着蒙蒙细雨来到亨利的寓所。他，就是专程来华盛顿向老科学家请教的贝尔。不巧老科学家正在午休，贝尔不愿打扰老人，就站在细雨中静静地等候。2个小时后，当亨利醒来时，贝尔的外衣已经淋透了。老人很受感动，热情地接待了贝尔。他虽然以前没见过贝尔，但对贝尔一家及他们在聋哑教学中的成功是了解的。他很器重前来拜访他的这位青年。

当年轻的贝尔向亨利讲述了他的偶然发现及研制电话的设想后，亨利向心情紧张的贝尔说："你有一个了不起的理想，贝尔，干吧！"

"可是先生，在制作方面还有许多困难，而且更困难的是我不懂得电学。"年轻人担心地说。

"掌握它！"大科学家斩钉截铁地说。

这次拜访对贝尔有极大的影响，若干年后，贝尔还深情地说："没有亨利的鼓励，我肯定是发明不了电话的。"

在亨利的鼓励下，年轻的贝尔专心致志地学起电学来。由于他精力充沛，刻苦努力，没有多久就收到了良好的效果。1873年初夏，贝尔辞去了波士顿大学语音学教授的职务，正式搞起试验来。但是，他还缺少一位得力的助手，因为研究电话不但要有制作的人，而且进行送话和收听都需要有两个人合作。正在这时，贝尔遇到了18岁的青年电气技师沃森（watson）。贝尔把他发明电话的设想一五一十地告诉了沃森。

沃森听后眼睛一亮，兴奋地说："这太好了！做吧！机械制造交给我了！"

沃森对贝尔的理想坚信不疑，全力以赴，始终不渝地和贝尔合作，成为贝尔终身的合作伙伴。

酷暑鏖战

　　1875年春夏之交的日子里，贝尔和他的助手沃森夜以继日地工作在近郊柯特大街109号公寓两间拥挤闷热的实验室里。后来，他们干脆住在实验室里，不管是什么时候，哪怕是半夜，一有了想法，贝尔就立刻画图设计，沃森随即动手制作。沃森说："非到成功以后，我决不离开贝尔的家！"两人每天连上床睡觉也不顾了，时常在研究室的角落里，胡乱一合眼，马上又继续工作。

6月2日，是一个令人难忘的日子。这一天发生了一件偶然的但却具有决定性意义的事情。贝尔和他那皮肤黝黑的助手沃森已经上百次地重复了讯号共鸣器的实验——这是贝尔的股东兼岳父哈伯德（Hubbard）先生投资研制的项目。哈伯德先生虽然是个律师，但在发明时代的美国，他也把资金用到了发明上。他十分关注他的讯号共鸣箱，急切地盼望着它实验成功，希望它能给他带来利益。

贝尔和沃森分别在各自房间里联合试验他们的讯号共鸣箱。像往常一样，机器不工作时，他们也要守候在那里。

已经3日不眠了，他们赶着工作。"就看这一次了。"从他们那充满血丝的眼中，表现出坚定的决心。他们工作十分紧张，早上吃了两片面包，一杯牛奶，到午后3时才进午餐，连汗也没工夫擦。好不容易制成了一台新的机器，立即装配起来。机器分为两部分，一部分放在贝尔的实验室里，另一部分装置在沃森的小屋里。等他们在这百米之间把电线接好时已是夕阳含山近黄昏了。

沃森从一间屋子里发出信号，而在另一个房间里，贝尔正试着调整振动膜。事情并不顺利，贝尔认为振动膜不稳定是由于安装不好所造成的。如果安装合理，就可以在一定范围内改变波长和振动次数。

在实验中，沃森让发出讯号的振动膜轮番振动，而贝尔全靠他特殊的语音听觉，试图使接收振动膜发出共振。本来屋子就很狭小，然而为了隔绝杂音，即使在酷暑，也得把窗门紧闭。贝尔在蒸笼般的实验室里早已是大汗淋漓。可是他还是挨个地将那些薄膜放到耳边，仔细地辨听由电流脉冲产生的声音。

被连续几十个小时的紧张工作弄得精疲力竭的沃森，精神恍惚地发着信号，而此时贝尔仍像平时一样全神贯注地工作着。面对困难和失败，他丝毫也不气馁。他将振动膜放到耳边聚精会神地收听着……

突然，贝尔听到了一种断断续续的声音，那是从颤动着的振动膜里发出来的。贝尔当即断定，这不是那种由于脉冲而产生的声音，而是他找了很久并盼望找到的那种声音。然而这一切都不过是一瞬间发生的事。

贝尔迫不及待地将振动膜放到桌上，大步流星地朝沃森的实验室走去……

他异常激动，朝着迷迷糊糊的沃森喊道："您是怎样做的？您什么也不要动！我要看整个过程！"

"请原谅，看在上帝的份上，教授先生。"可怜的沃森困意顿消，他不了解究竟发生了什么事情，惊慌失措地辩解道，"我太累了，所以搞错了。"

"是呀，您到底是怎样做的呀？"贝尔问道，他的情绪还是那样激动。

沃森开始解释，当他想要接通振动膜时，由于没有调整好螺旋接点，未把仪器接到电路上。为了排除故障，他就扯动膜片，想用这个办法使它振动——这正是贝尔在接收器听到的颤音——就像人们用手弹击电话振动膜一样发出的声音。

贝尔立刻为这种现象找到了答案：电磁铁上的振动簧片使螺旋线圈中产生了电流，这样接收器接收的不是从仪器发出来的电流脉冲信号，而是感应电流。这种电流是由簧片的振动而引起的。

于是新的发现就在这一瞬间产生了——贝尔意识到他已经找到了一种方法，可以用电来传递包括人的声音在内的任何声音的方法。

每当试验获得成功的时候，热情奔放的贝尔总是抑制不住内心的极大喜悦，情不自禁地跳起印第安人粗犷奔放的舞蹈来。这种舞一般只有在布兰弗德附近的土著居民区才能见到，而现在，这位大学教授竟因狂喜而跳起这种舞来。目睹这情景的沃森，虽然还没有完全搞明白是怎么回事，但从贝尔那狂喜的神情中，也从最初的惊恐中清醒过来，手舞足蹈地与教授伴起舞来。

这本来是一次事故，但对研制传声器已经入迷的贝尔来说，却是一个巨大的启发。一个月后，这台机器仍保持着6月2日的状态，还能发出一些模糊不清的声音。贝尔在整个秋天和冬天，远离工作车间，反复地进行思考。最后，他决定去见他的股东兼岳父哈伯德律师。

　　"我从梅布尔哪里知道信号共鸣箱终于搞好了。"律师开始说道。他的双眼由于兴奋而闪闪发光，不时满意地搓着双手。

　　"没有，哈伯德先生。"贝尔心平气和地回答。

　　"可是，你给梅布尔写信，告诉说那件东西已经准备好了……"律师立即又紧张了起来。

　　"是的，搞好了，哈伯德先生。但不是信号共鸣箱，而是一部可以传送声音的机器。我和沃森已经搞了个试验，摸到了利用电来传送声音的原理，现在我需要完善这个装置，但这需要钱。我到这里来是为了废除原来搞信号共鸣箱的合同，签订发明新机器的新合同。"贝尔带着期望的眼光对律师说。

哈伯德马上变得不耐烦起来："这根本无从谈起！"他说，"那天，我已经明确告诉过您，对于您的这些胡思乱想我决不会付一分钱！"接着，他又把语气缓和了下来，"您的这个……传送声音的机器有什么用呢？即使成功了那又会如何呢？又有谁会来买这个玩意儿的专利特许证呢？75万元钱呀，明白吗？信号共鸣箱能使我得到100万元的3/4！就搞这个东西吧，不要去搞那毫无意义的什么机器吧！"

"我决不把这个事情丢下，哈伯德先生！从今天起，对我来说，信号共鸣箱已经不复存在了！"贝尔丝毫不让地说，表现出一股不屈不挠的精神。

"您这是拿鸡蛋往石头上碰，会陷入不可自拔的地步的！我自然是拦不住您，但请您记住，我无论如何也不会给您的莫明其妙的什么机器出一分钱！"律师也寸步不让。

"如果您，哈伯德先生，作为我的岳父，竟然不支持我，那么我毫不怀疑，要是我去敲桑德斯家的大门，这件事不会没有着落！"

律师彻底失去了耐心，他神经质地抚弄着他的花白胡子，说："我会不会成为您的岳父还说不定呢，我只是请您告诉我，我那笔在信号共鸣箱上的投资结果会如何？"

"无论任何时候，我对任何人都不会赖账，"贝尔气愤地说，"您，哈伯德先生，肯定能收回自己的钱，其中还包括投资的利息，因为这机器将是我的一个大发明！"

"咳，那就先欠着吧。"律师生气地挥了一下手，无可奈何地说。

……

抛开了与哈伯德的争吵，贝尔和沃森又经过了反复的试验，究竟试过多少方案，有过多少次失败，实在无法统计。最后，他们制成了两台粗糙的样机。它的设计是这样的：在一个圆筒底部蒙上一层薄膜，薄膜中央垂直连接一根碳杆，碳杆插在硫酸液里，人讲话时，薄膜受到振动，碳杆同硫酸接触的地方，电阻发生变化，电流随着变化，有强有弱，接收处利用电磁原理，再把电信号复原成声音，这样就实现了用电流传送声波。

1876年2月14日，贝尔派他公司的股东哈伯德（这时哈伯德律师已不再是贝尔的岳父）以他贝尔的名义，为一部可以传送声音的机器（当时还没有称为电话）申请了专利。

然而这机器还不能传出清晰可闻的话语。贝尔和沃森为改进这种机器，又投入到夜以继日的试验。他们把导线从房子的一头拉到另一头，每头都接上了仪器，两个人都在向仪器喊叫，但另一个房间听到的只是从墙壁或者大厅传过来的声音，而不是从仪器中传过来的声音。他们耐心地对仪器改了又改，楼中的其他住户也以同样的耐心，忍受着他们日复一日的嘶喊。两个人的嗓子都喊哑了，通话还是很不理想。

难忘时刻

　　为什么会是这样，是设计不对，还是制造有错？难道用电流传送声音真的就不行吗？

　　夜幕降临了，一筹莫展的贝尔望着窗外闪烁的群星，陷入了沉思……

　　突然，他似乎听到了亨利那信任、热情的声音："你有一个了不起的理想，贝尔，干吧！"慈祥的老科学家亨利又仿佛来到了他面前。贝尔心头一热，顿时增添了无穷的力量。

"先生，您听！"忽然从贝尔身后传来了沃森那浑厚的声音。贝尔转过头，困惑地望着他的助手。沃森用手指着窗外，神色惊喜地又说了一遍："先生，您听！"

窗外，隐隐约约听到吉他的共鸣声，像山泉般叮咚叮咚，在夜空中悠悠回荡……

贝尔凝神地听着，听着……

豁然间他明白了沃森的意思，转过身来猛击沃森一拳，情不自禁地说："有啦，有啦！沃森，你真行！"

原来，他们的送话器和受话器灵敏度都很低，所以声音十分微弱，几乎听不清楚。吉他的共鸣声使贝尔和沃森受到了启发，他们马上动手把共鸣器的原理应用到他们的设备上。

贝尔立即设计了音箱草图，一时找不到现成的材料，他们就拆掉了床板，两人一起动手连夜赶制。待音箱做好，天已经大亮了。两人顾不得休息，草草吃了两片面包，又转过头来改装机器。尽管他们已经连续工作了二十多个小时没有合眼，可是他们还是毫无倦意，兴奋异常。因为他们不约而同地感到，成功就在眼前了！

这一天是1876年3月10日，成功真的降临了！可是谁也没有料到，第一声电话的通话竟是求救的呼唤。

连夜奋战安装好了机器的贝尔和沃森，各就各位守在自己的位置上。两人间隔几间屋子，准备开始新的试验……

当贝尔把他的仪器的一端浸入硫酸中时，一些硫酸溅到了贝尔的腿上，剧痛中贝尔向沃森呼救："沃森先生，到这儿来！我需要你帮忙！"沃森忽然听到了贝尔的求救声，正准备去帮忙，突然他觉得声音不对头，不像是从墙壁那边传过来的，而是从接收器中发出来的立即回应了一声，贝尔也清晰地从电话里听到了沃森的应声。啊！成功了！

沃森三步并作两步，从实验室里飞奔过去，贝尔这时激动万分，顾不得疼痛，也一溜烟似的跑了出来，两人在半路上撞了个满怀。

"先生！"

"沃森！"

……

他们的话不能接着说下去了。无比兴奋的两个人，紧紧拥抱在一起，热泪像断珠一样，洒在两人的肩上……当晚，贝尔在给母亲的信中这样表达自己激动的心情："这对于我来说是伟大的一天，我感到我终于有了一个解决重大问题的办法，想想看吧！当电话线安装在房里就像水和煤气那样平常，朋友之间可不用走出家门而相互交谈的那一天来临时，会是多么的令人激动啊！"

很快就有很多人知道了贝尔的发明，就像波士顿新闻中所说的："这将导致商业社会中远距离传递信息的一场彻底革命。"

今天当我们望着电话线时，仿佛能听到贝′尔那与歌声相媲美的声音："这首歌永远不会停，它在唱着生命之歌，而生命是不会中止的，小小的铜导线通过一站又一站，把出生入死、成功失败的新闻传向世界各地。"

博览会宠物

1876年5月，贝尔带着他的电话机参加了美国费城举行的建国100周年纪念博览会。这台电话机的"老祖宗"一点也不引人注目，它既没有漂亮的外表，也没有现在电话的手机，整个电话机是用木头架子、线圈、铁片装起来的，简陋、粗糙，又很笨重，像是古老作坊里的一件工具。

开始，贝尔的电话机一直被冷落在博览会的角落里，无人问津。博览会的最后一天，应邀来参观的巴西国王彼得罗，听了贝尔的介绍后，好奇地拿起了听筒。当他听到听筒里传出"国王陛下……"的声音时，禁不住大声惊呼："啊！我的上帝，它说话了！"

国王的喊声惊动了人们，鉴定人员重新对电话机进行了鉴定，于是电话机成了这次博览会最重要的科研成果。博览会还没有结束，贝尔的"小盒子"会说话的消息就不胫而走，传遍了世界。

博览会结束后，贝尔原来以为电话机的展出引起了轰动，人们马上会投资进行生产，但事实证明贝尔的想法太乐观了。人们的确对电话表示了极大的兴趣，贝尔也因此获得了博览会的纪念奖证书以及波士顿大学理学博士的学位，但在绝大多数人眼里，电话只不过是一个玩具，根本没有意识到它可能发挥巨大的作用。贝尔颇为失望。他深刻认识到，要使人们认识到电话的实际用途，仅仅把时间花在提高机器的性能上，是不够的，还必须对这种新的发明进行大力宣传。可以说，贝尔是美国第一个认识到科普宣传重要性的人。

新奇歌会

1878年，贝尔和沃森在波士顿和纽约之间进行了首次长途电话试验，两地相距300千米。

这次试验，和34年前莫尔斯的华盛顿—巴尔的摩之间的电报试验一样，也取得了很大的成功，不同的是莫尔斯的试验隆重而正规，带有浓厚的剪彩气氛；而贝尔和沃森的这次试验则富有戏剧性，热烈而新奇。试验中沃森和贝尔分别在两地开了很大规模的演讲会，一面打电话，一面仔细地向听众讲解。同时也欢迎双方的听众试讲试听，自由交谈，气氛活跃热烈。

按照原来的计划，贝尔和沃森分别请了歌手，准备到试验高潮时，用电话互传民歌，把试验变成新奇的歌会。不料事到临头却出了问题。

到了预定时间，贝尔对着电话向百里之外的沃森喊着："喂！喂！赶快把歌唱起来吧！"

沃森兴奋地对观众说："看，马上就要通过这电话把这里的歌声传到纽约了。"

他转过头对他请的黑人歌手说："请你按合同对着电话机唱歌吧！"

不想那黑人突然从电话里听到了贝尔的声音，大吃一惊，无论如何也不敢唱。他想，声音能传这么远，一定不是人声，大概是鬼在作祟吧！想到这，他越想越害怕，越害怕越不敢唱，身体不自主地抖个不停。

　　"喂！赶快唱呀！来宾都等急了，要是黑人不肯唱，你就自己唱吧！快一点！"贝尔在那边已经等得不耐烦了。

　　凑巧，这一天当地有许多女校的学生来看电话表演，刚刚20岁的沃森还没有当着这么多的女孩子唱歌，没张口就觉得难为情，可是现在黑人歌手吓得浑身发抖，连电话机都不敢碰，自己不唱还能找谁呢！实在没有别的办法，只好鼓起勇气唱了起来。电波载着沃森浑厚的歌声，越过山野田园，瞬间从波士顿传到了纽约……

　　这次长途电话实验非常成功，引起了美国社会的极大震动，结果非常圆满。波士顿的一家报纸用头条新闻报道了这次试验，并发表评论说："这项发明，有一天可能使长途电信业务完全改观！"此后，贝尔和沃森继续奔走于美国各大城市，进行巡回表演。但是随着表演的次数增多，两人手里的经费越来越少，为了能够让更多的人了解电话及用途，贝尔曾忍痛打算以10万美元的代价将电话卖给西方电报联合公司，然而这家公司目光短浅的老板怕担风险，拒绝了贝尔的要求。

　　贝尔的宣传面临着半途而废的危机。正在这个时候，一位名叫休士顿的爵士向贝尔伸出了援助之手。原来这个爵士有一个美丽可爱的女儿，名叫玛波儿，遗憾的是从小患了失聪症。早在贝尔在伦敦大学读书时，曾以科学方法设计了一种助听器，并首先赠送给玛波儿小姐，使她像常人一样，完全恢复了听觉。这使玛波儿小姐兴奋异常，更使休士顿一家感激不尽。休士顿爵士佩服贝尔不屈不挠的精神，很同情贝尔当时的处境，认为现在正是他报答贝尔的最好时机，愿意借给贝尔20万元资金作为宣传、发展电话的费用。贝尔真是万分感激，立即于1878年成立了"贝尔电话公司"——著名的美国电报电话公司的前身。此时贝尔心情的兴奋程度比发明电话成功那天有过之而无不及。

好事一桩接一桩，第二年，贝尔坚决地向玛波儿小姐求婚。休士顿爵士一向对失聪的千金宠爱有加，又对年轻的大发明家贝尔十分器重，能得到这样一位乘龙快婿，真喜得他泪水盈盈。春天，休士顿爵士为贝尔和他的女儿玛波儿举行了盛大的婚礼。

由于贝尔和沃森的广泛宣传，电话公司获得了很大的成功，电话机这种新型的通信工具为越来越多的美国公众所接受。到1880年，全美国已经拥有700万部电话机，贝尔本人也名声大振，并成了百万富翁。

成为富翁之后，贝尔仍然保持着他正直热诚的高贵品质。他坚持把公司的一部分股份交给沃森这位患难与共的朋友。此外，贝尔还出资建立了贝尔研究所。这个研究所在成立后的50年内，一共取得了技术专利一万七千一百多项，其中有不少是重大的发现和发明，对电子工业和其他科学技术领域产生了重大影响。至于贝尔本人，除了电话机之外还有其他大量的发明创造。他研制了助听器和多种声学仪器，并将法国政府赠给他的波鲁太奖金全部拿出来成立了波鲁太研究所，专门研究如何医治聋病。

拥有1328件专利的"发明大王"爱迪生（1847—1931）与贝尔同龄。1847年2月11日，爱迪生出生于美国俄亥俄州的米兰小镇，同年3月3日贝尔出生于英国苏格兰的爱丁堡。爱迪生发明的电灯给千家万户带来了光明，贝尔发明的电话给世界各个角落的人们造就了足不出户就能连通五湖四海的奇迹。他们既是竞争对手，又互相促进。1877年，爱迪生的西联电报公司不顾贝尔的电话专利权，在电报线上经营电话业务，使用的是爱迪生研制的碳粒送话器和格雷的电话机。新成立的贝尔电话公司控告爱迪生的公司侵犯了贝尔的电话专利权，结果贝尔公司胜诉。但爱迪生的碳粒送话器比贝尔的液体送话器质量好得多。爱迪生的送话器促进了电话质量的提高。爱迪生发明的留声机采用的是锡箔纸的唱盘，质量不佳；贝尔对爱迪生的唱机进行了改进，改为用蜡质唱盘，质量大大提高，使得留声机提早得到了商用价值。紧接着，在1877年，英国发生了著名的电报控告电话诉讼案，贝尔的公司和爱迪生的公司又联合起来，利用英国法庭这个公开讲坛，合力宣传了刚刚诞生的电话。

电报控告电话

　　一百多年前英国的法院曾经开庭审理了一桩电报控告电话的案件，法庭以"电报与电话完全相同"的荒谬理由判处电报胜诉。

　　1877年，贝尔的电话刚刚在美国诞生，远在大西洋彼岸的英国民众对电话还知之不多，英国电报局电气专家普利斯从美国带回来一对实用电话机，引起了英国社会极大的轰动。从此一批批美国冒险商纷纷来到英国推销电话机。

1878—1879年，采用贝尔专利的电话有限公司和爱迪生电话公司先后成立，他们以先进的技术越来越多地赢得了用户。起初英国邮政总局对此并未重视，但很快就发现由于电话公司的存在，总局的电报业务的财政收入大大减少，这使他们大为恼火。于是总局以电话公司"没有获得经营许可证，违反了总局对电报的垄断"的罪名，控告了两家电话公司。

1880年11月29日，法庭开始审理此案。与众不同的是法庭内摆放了电池、电话机电报设备和一些模型，天花板上，悬挂的裸线直垂地面；地板上，连接电话的导线纵横交错。原来，联合公司为了出席这次审判，专门敷设了直通电话局的电话线。整个法庭，俨然是一个宣传电话的科技展览馆。

为了打赢这场官司，双方都聘请了著名的律师，一些社会名流也旁听了这次审判。出庭作证的有许多著名的科学家和商人。

联合公司一方在法庭当众进行了示范表演，详尽地说明了电话和电报的不同原理，指出电话是不同于电报的一种新的、有着广阔发展前途的通信手段，发展电话，没有破坏英国邮政总局对电报的垄断。

英国邮政总局一方则聘请了以皇家协会主席为首的一批科学家为之作证，英国政府法律顾问出席为之辩护。他们坚持说电话与英国政府1863年和1869年制定的电报条例中的"电报"的定义是完全相同的，因此电话即是电报，电话的发展和经营均必须在英国邮政总局的垄断控制之下。

在历时5天的审理过程中，双方争执不休，为了维护英国政府的利益，法庭最后判处英国邮政总局胜诉。

电话虽然被电报告败了，但这次诉讼却意外地为新兴的电话大做了广告，整整5天，法庭内外挤满了观看电话的人。电话的神通使英国公众赞叹不已，赞成电话的人越来越多。要想维护电报的垄断，不许电话发展是违背民意、完全行不通的。出于无奈，英国政府只好做出决定，允许电话公司经营有限的电话业务，但每年必须拿出利润的10%，补偿电报业务的收入损失。

这起诉讼案后，电话在英国如雨后春笋般地迅速发展。1885年1月，南英格兰电话公司覆盖了最后剩下的局部地区，从此电话业务遍及全英国。

1922年8月2日，75岁的贝尔在苏格兰的彭代克逝世，爱迪生在悼念他时说："我的朋友贝尔闻名于世的发明，缩短了时间和空间，使人们的接触更为密切。"在举行葬礼时，北美所有贝尔系统的电话机都沉默了1分钟，以表示对电话发明人的敬意。人们为了纪念他的功绩，把他的名字命名为衡量电信号增长或衰减程度以及声级的单位，即"贝"或"分贝"。

世界五千年科技故事丛书